알차고 맛나게

과학영역
운영하기

다음세대

유치원이나 어린이집에 과학영역을 알차고 재미있게 활성화 시킬 수 있는 방법은 무엇이 있는지, 주제별로 어떻게 과학 영역을 운영할 수 있는지에 대해 이 책을 통해 많은 것을 고민하고 생각해 보며 직접 적용해 보시기를 바랍니다.

Contents

멘토링 시리즈는요...

　　유아를 위한 교육과정은 몸과 마음이 건강한 전인으로의 성장을 지향하지요. 이 때문에 유아의 신체, 언어, 사회, 정서 및 인지 능력의 발달을 위한 다양한 교과영역을 교사들은 운영해야합니다. 그러다 보니 교사 개인에 따라 좀 수월한 영역이 있는가 하면 왠지 어렵게 느껴지고 열정의 샘이 마르는 느낌의 영역이 있지요. 교사들의 교육과정 운영에 관한 연구를 보면 대체로 탐구생활에 관련된 교과영역들이 교사들에게 녹녹치 않게 인식된다는 결과들이 있습니다. 우리의 아이들은 무척이나 물리적 세상을 열정적으로 탐구하는데 말이죠. 안타까운 일이죠. 그래서 평소 탐구생활영역에 관한 교사 교육과 연구를 좀 더 관심 갖고 실천해 왔던 사람들이 모였습니다. 그리고 교사들을 도와줄 수 있는 방법에 대해 고심하고 생각을 모아 보기로 했지요. 그렇게 이야기 나누고 방법을 모색한 끝에 묘안으로 생각해 낸 것이 선생님들과 이야기로 만나는 멘토가 되어 보기로 한 것입니다. 이 책은 어떻게 하면 유아들과 교사들이 탐구생활영역에 대해 갖는 열정의 간극을 좁혀서 탐구하기를 즐기는 교사, 그리고 그 교실에서 행복한 탐구자가 되는 유아들의 모습을 발견할 수 있을까에 관해 선생님과 편안하게 이야기 나누며 우리가 고안해낸 방법들을 소개하려는 것입니다. 가능하면 편안한 필체로, 선생님들의 마음과 생각을 열어보는 기회를 마련하면서 좋은 길을 안내하는 방식으로 구성했지요. 그동안 가졌던 과학, 수학, 자연탐구에 관한 선생님들의 마음과 생각의 창을 조금 편히 드러내놓고 저희가 준비한 대화의 길로 숨을 고르며 들어와 보세요. 그 길 끝에서 과학, 수학, 그리고 자연탐구활동이 풍요롭게 살아있는 교실을 만날 수 있길 기대하면서...

알차고 맛나게 과학영역 운영하기 책은요..

본 책은 교실의 흥미영역 중 하나인 과학 영역을 어떻게 하면 과학적으로 더욱 흥미있고 유용한 공간으로 활용할 수 있을지에 대한 자세한 안내와 정보, 아이디어를 제공하기 위해 만들어졌어요! 과학교육의 중요성과 필요성을 인지하면서도 과학영역을 유아가 잠깐 머무르거나 스쳐 지나가는 공간 쯤으로 두지는 않으셨는지요? 분명 과학영역은 여러분이 생각하는 그 이상으로 교육적 가치가 높고 유아들에게 의미 있는 학습공간이에요. 과학영역을 알차고 재미있게 활성화시킬 수 있는 방법은 무엇이 있는지, 주제별로 어떻게 과학 영역을 운영할 수 있는지에 대해 이 책을 통해 많은 것을 고민하고 생각해 보며 직접 적용해보시기를 바랍니다!

과학영역.. 무엇이 고민인가요?

전체적인 교실 환경을 구성하고 각 영역에 알맞은 자료와 교구를 마련하는데 있어 가장 고민이 되는 영역은 어디인가요? 다른 교사의 고민을 한번 들어보실래요?

제 교실의 과학 영역을 보면 늘 한숨만 나와요. 어떻게 과학 영역을 구성해야 할지, 아이들에게 어떻게 흥미를 이끌 수 있을지 고민 되요.
제 교실에서 이루어지는 과학 활동은 동식물 키우기를 하면서 관찰일지를 쓰는 것이 전부인 것 같아요.

경력 3년차 유치원 A교사

과학영역에서 실험 같은 것을 할 때는 과학을 전공한 전문가가 아니면 하기 힘들다고 생각해요. 아무래도 저보단 낫겠죠? 솔직히 제가 과학에 대해 아는 것이 적으니까 과학영역에 대해서는 별로 깊게 고민해본 적도 없어요.

경력 5년차 어린이집 K교사

학부모님들이 언어나 수, 영어 등을 과학보다 중요하다는 생각을 하기 때문에 교사인 나도 과학영역을 대수롭지 않게 생각하는 것도 있어요. 또 준비 과정에 비해 활동의 결과가 바로 나타나지 않기 때문에 활동을 준비하기가 꺼려져요.

경력 4년차 유치원 P교사

과학은 새로운 것을 창조해야 하는 분야라는 생각 때문에 교사와 유아가 공유하기에는 어려움이 있고 교구로 제작하기에는 막연하죠. 또 과학 교구는 너무 비싸고 다루기 어려워서 원장님께 요구하기도 쉽지 않아요.

경력 2년차 어린이집 C교사

위의 선생님들의 이야기를 들어보니, 대부분의 많은 선생님들이 다른 영역에 비해 과학 영역의 구성 및 운영을 어려워한다는 것을 알 수 있었네요. 선생님은 어떤가요? 과학 영역에 대해 어떤 생각을 갖고 있는지 항목별로 정리해 보세요.

과학영역의 중요성 및 필요성에 대해 어떻게 생각하는가?

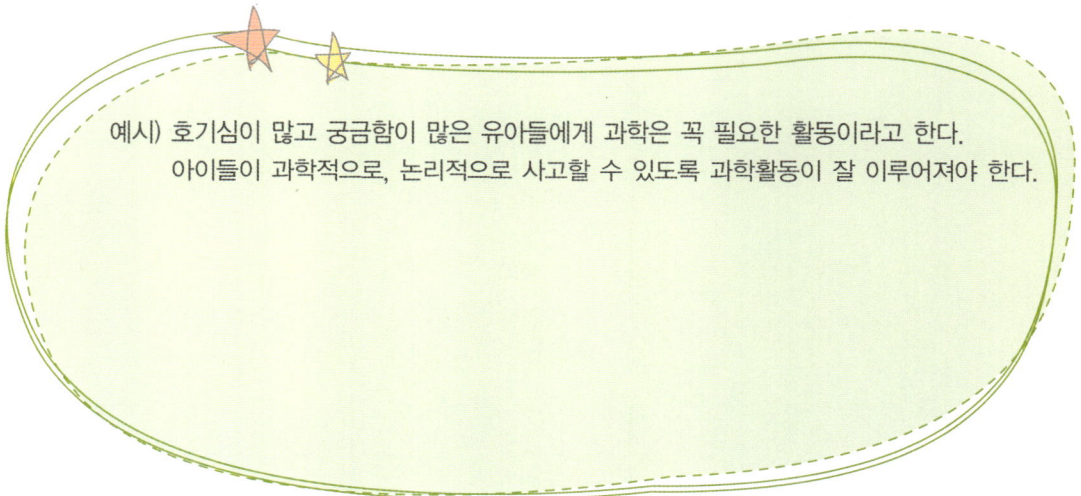

예시) 호기심이 많고 궁금함이 많은 유아들에게 과학은 꼭 필요한 활동이라고 한다. 아이들이 과학적으로, 논리적으로 사고할 수 있도록 과학활동이 잘 이루어져야 한다.

과학영역에 대한 나의 운영관은 어떠한가?

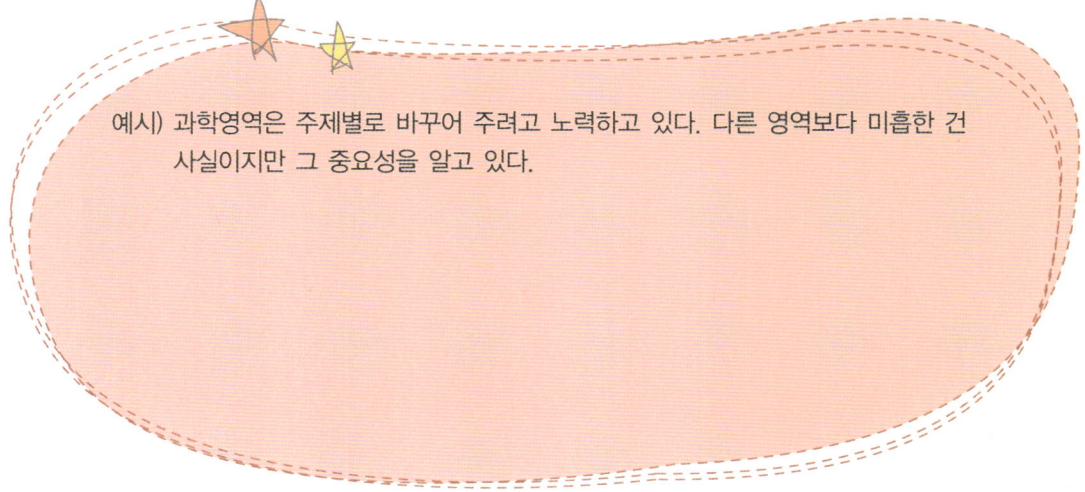

예시) 과학영역은 주제별로 바꾸어 주려고 노력하고 있다. 다른 영역보다 미흡한 건 사실이지만 그 중요성을 알고 있다.

생활주제와 과학영역의 연관성은 어떠한가?

우리 교실의 과학영역의 자료나 도구는 어떠한가?

우리 반 아이들이 과학영역 이용은 어떠한가?

내 교실의 과학영역은 어떠한가요?

여기 과학 영역에 대한 6가지 유형이 있어요. 잘 읽어보고 내 교실의 과학 영역은 어느 유형에 가까운지 곰곰이 생각해 보고 체크해보서요.

유 형	설 명	체 크	
유명무실형	교실어 과학영역이 엄연히 존재하나 아이들의 과학적 호기심이나 흥미를 끌만한 내용이나 자료들이 적절히 제시되지 않아 다른 영역에 비해 아이들의 과학영역 이용이 거의 없는 유형. "솔직히 누군가 제 교실에 와서 과학 영역이 어디냐고 물어보면 너무 당황해요. 없는 거나 마찬가지인데..."	거의 비슷함	
		어느 정도 비슷함	
		전혀 아님	
과유불급형	생활 주제나 유아들의 관심사와는 전혀 상관없이 관찰하거나 탐색할 자료들이 너무 많이 한꺼번에 제시되어, 오히려 유아들이 활동에 몰입하거나 탐색하는 데에 방해가 되는 유형. "과학 자료를 많이 내주면 내출수록 좋은 거 아니에요? 과학영역 책상에 관찰할 자료가 가득 차야 내가 잘하는 것 같아요."	거의 비슷함	
		어느 정도 비슷함	
		전혀 아님	
속수무책형	과학 영역에 대한 교육적 의의나 중요성, 과학영역의 요소에 대한 별다른 고민 없이 어떠한 자료라도 내어주면 과학영역에서의 활동이 저절로 일어날 수 있다고 생각하는 유형 "제가 왜 저런 나무 블럭을 과학영역에 두었냐고요? 나무는 과학이니까! 안 그건가요?"	거의 비슷함	
		어느 정도 비슷함	
		전혀 아님	

유 형	설 명	체 크	
초지일관형 	과학 영역 운영에 대한 교사의 아이디어나 관심 또는 자료의 부족으로 학기 초나 행사 등으로 인해 한번 구성된 자료나 환경이 주제와 계절의 변화에 상관없이 계속 유지되는 유형. "과학 영역은 솔직히 관심도 없고 워낙 자료가 부족해서 변화를 줄 수가 없어요. 그리고 어차피 아이들도 좋아하지 않는 영역이니까 한번 구성해놓으면 일 년 가까이 가죠!"	거의 비슷함	
		어느 정도 비슷함	
		전혀 아님	
시기상조형	유아들이 과학적 과정을 경험하거나 과학적 태도를 기르는 데에 주안점을 두기 보다는 과학적 결과물에 치중을 하여 발달에 맞지 않는 과학 자료나 활동으로 과학영역을 구성하는 유형. "과학은 화학적 변화가 있거나 원리, 개념이 드러나야 과학이란 생각이 들어요. 과학은 마술과 같은 변화가 있어야 아이들이 좋아하더라고요!"	거의 비슷함	
		어느 정도 비슷함	
		전혀 아님	
타산지석형	생활 주제나 유아들의 관심사에 부합되는 과학적 자료가 적절하게 제시되고 동식물을 기를 수 있는 공간뿐만 아니라 과학적 대화가 일어날 수 있는 넓은 공간 등이 구비되어 유아들의 과학적 호기심과 탐구가 충족될 수 있는 유형 "어떻게 하면 아이들이 과학영역을 좋아하게 될까 항상 고민해요. 그러다보니 다양한 아이디어도 나오는 것 같고요. 저에겐 가장 흥미로운 공간이에요."	거의 비슷함	
		어느 정도 비슷함	
		전혀 아님	

과학 영역에 대한 나의 생각과 유형이 파악이 되셨나요? 설마 한숨만 쉬고 계신 건 아니겠죠? 걱정 마세요! 나의 과학영역은 이제부터 조금씩 변화가 되기 시작할 테니까요! 이제부터 과학 영역에 대한 탐험이 시작됩니다! Go Go!

과학 영역의 효율적인 운영방안

과학영역의 의의와 구성원리

과학 영역이란 과학 학습을 위한 다양한 교구와 자료, 책 등을 별도로 모아 교실 내에 설치한 곳을 말해요.

유아교육 기관의 과학 영역은 과학적 탐구에 대한 흥미를 유발하고 몰입할 수 있도록 해주고 유아로 하여금 일찍부터 과학적 사실과 개념을 습득하고 과학적 습관과 태도를 형성하도록 하는 데에 중요한 역할을 한답니다 (김정주, 김영실, 2006).

〈과학영역에서의 탐구는 즐거워요.〉

그러므로 교사는 과학 영역에서 유아가 과학적인 경험에 능동적으로 참여하고 탐구 과정의 즐거움을 맛봄으로써 과학적 사실에 호기심을 가지고 탐구하도록 하기 위하여 주변의 여러 가지 물체나 현상에 대해 직접적인 감각 경험을 통하여 사물의 속성을 탐색하고 원인과 결과를 연결해 보는 경험을 제공해야 하겠죠?

유아를 위한 과학 영역은 교실의 크기와 과학교육 프로그램의 방향에 영향을 받거나 과학영역의 적절한 배치와 자료의 선정과 준비, 활용에 의하여 그 효과가 달라지기도 한답니다!

과학 영역을 설치하고 구성하기 위해 알아두어야 할 점이 몇 가지 있어요.

첫째 과학 영역은 자연채광과 필요에 따라 그늘을 만들 수 있는 커튼, 백열등이나 형광등을 사용하기 위한 전기배선이 있어야 해요.

둘째 과학 영역은 물과 관련된 탐색이나 실험활동이 진행될 수 있으므로 물을 사용하기 쉽도록 물과 가까운 곳에 설치하는 것이 좋겠죠?

셋째 과학 영역은 무엇보다 안전이 중요하며 주변의 소음으로부터 차단이 될 수 조용한 곳에 설치를 해야 해요.

 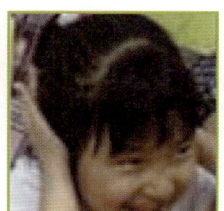

넷째 과학 영역에서 유아들의 과학적 상호작용이 활발히 일어날 수 있도록 최소 3~4명이 들어갈 수 있는 충분한 공간을 마련해주세요. 여기에서 유아들은 또래들과 함께 탐색하고 발견하는 과학 활동을 할 수 있습니다.

다섯째 과학영역에는 유아들의 수집품을 전시할 수 있는 관찰대나 정리장 등을 마련하여 다양한 자료들을 쉽게 탐색, 탐구할 수 있도록 해야 합니다.

여섯째 측정이나 관찰을 위해 필요한 기본적인 도구는 과학 영역에 상비해 두세요. 탐구 과정에서 나타나는 결과들을 적절한 방법과 단위로 측정하는 능력을 기를 수 있죠.

일곱째 과학 영역의 가구들은 융통성 있게 배치, 구성하여 유아들의 왕래가 자유롭도록 해주세요.

 위의 일곱 가지 구성 원리를 잘 살펴보고 내 교실의 과학 영역에 대입시켜 보세요. 어떤 것을 수정하고 보완해야 하는지 금방 아실 수 있을 거에요.

과학영역의 자료

자, 이제 과학 영역에 대한 자기 반성과 기본적인 구성 원리에 대해서도 알아보았으니 과학 영역을 뭔가로 채워 넣어야겠는데... 썰렁하기 그지없는 이 공간을 무엇으로 채워야 할까요? 다시 연필 들고 지금부터 하나하나 체크해보자고요. 무엇이 있고 없는 지를...^^

도구의 종류	예시	우리 교실에 있는 도구는?	추가해야할 도구는?
실험도구	확대경, 현미경, 망원경, 자석, 손전등, 건전지, 거울, 플라스틱병 또는 컵, 깔대기, 필름통, 튜브, 양초, 클립, 스펀지, 프리즘, 스포이드, 여과지 등		
측정도구	우유곽, 리본, 막대기, 끈, 물약병, 자, 신장기, 체중계, 저울, 계량컵과 계량스푼, 비이커, 타이머, 온도계, 달력, 거울 등		
동식물류	병아리, 햄스터, 토끼, 개구리, 개미, 장수풍뎅이, 달팽이, 누에, 지렁이, 거북이, 자라, 금붕어, 열대어, 물혹잠, 고구마, 감자, 가지, 토마토, 봉숭아, 맨드라미, 나팔꽃, 새싹채소 등		
사육, 재배용도구	사육 상자, 먹이통, 어항, 산소 공급기, 화분, 물뿌리개, 모종삽, 분무기, 망, 성장 기록용 사진기, 관찰일지 등		
표본, 실물류	인체 모형, 식물, 곤충, 돌, 조개껍질, 곡식류, 씨앗류, 낙엽, 꽃잎, 나이테, 생선 가시, 닭 뼈 등		
기계류	도르래, 지렛대, 나사, 스위치, 계산기, 카메라, 열쇠와 자물쇠, 건전지나 태엽 장난감, 탁상시계, 전화기, 드라이기, 카세트, 녹음기 등		

도구의 종류	예시	우리 교실에 있는 도구는?	추가해야할 도구는?
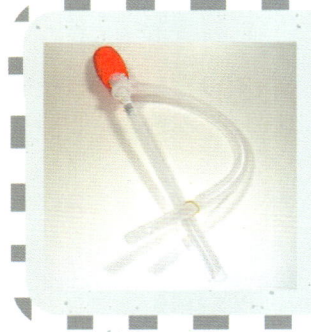 **일상용품류**	과학 관련 잡지 사진, 스캔 자료, 그림, 빨대, 풍선, 종이컵, 천조각, 벽지, 병뚜껑, 단추, 새 깃털, 돌멩이, 유아용 못과 망치, 종, 메트로놈, 체 등		

 중요한 것은 과학 영역에 비치할 수 있는 과학 도구는 어디에나 존재한다는 거에요! 눈을 크게 뜨고 우리 주변의 일상용품을 활용하여 과학도구로 사용해 보자고요. 아래의 예시를 보세요 ^^

많이들 보셨죠? 자바라 펌프라는 거에요. 유아들과 자바라 펌프로 물을 옮겨보는 활동을 해보세요. 펌프가 어떻게 작동되는지 관찰해 보세요. 또 생활 속에서 어떻게 활용되는지도 이야기 나눠 보는 것도 좋겠죠?

과학영역의 효율적인 운영방안

선생님이 과학 영역 운영에 대해 갖는 부담감을 덜어드리고 좀 더 쉽고 친근하게 운영할 수 있는 과학 영역 활성화 방안을 소개할까 해요. 모두 일곱 가지로 나누어서 살펴볼 건데요, 조목조목 자세히 안내해 드릴게요!

과학영역의 활성화 방안

1. 간단한 실험으로 과학 영역 풍성히 하기

2. 일상적 다양한 관찰거리로 과학 영역 풍성히 하기

3. 탐구하고 표상하는 과학 영역 풍성히 하기

4. 과학 교재교구로 과학 영역 풍성히 하기

5. 상업화된 교재교구로 과학 영역 풍성히 하기

6. 동식물 기르기로 과학 영역 풍성히 하기

7. 환경구성으로 과학 영역 풍성히 하기

① 간단한 실험으로 과학 영역 풍성히 하기

비싸고 거창한 과학 실험 도구가 아니어도 우리 주변에서 쉽게 보고 구할 수 있는 도구로도 재미있게 과학 실험을 할 수 있어요. 그런데 과학 영역에서 하는 실험이라고 하니 "아휴, 손이 많이 가겠군!" 또는 "자유 선택활동 시간에 과학 영역에서 유아들끼리 실험이 가능할까? 내가 계속 붙어있어야 하는 건 아닐까?" 이런 생각이 먼저 드시죠? 그러나 여기에서 제시하는 실험은 특별히 교사의 도움이 없어도 유아 스스로 할 수 있는 활동에 초점을 맞추었으니 걱정하지 마세요!

소리가 들릴까? 들리지 않을까?

활동자료 휴지 속심 2개, 시계, 코르크판, 책

활동내용 휴지 속심 2개를 준비한 후, 아래의 사진처럼 장치해주세요.

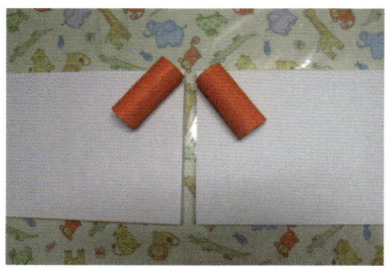

양면테이프 등을 이용해서 휴지 속심을 고정시켜도 좋겠죠? 높이를 맞추기 위해 아래에 책이나 우드락으로 받쳐둘 수 있어요.

우리 주변에 소리를 반사시키거나 흡수시킬만한 재료를 준비해서 아래 사진처럼 활동할 수 있어요.

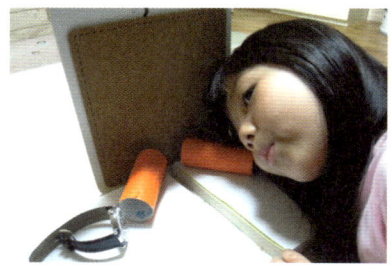

시계소리가 휴지 속심을 타고 흘러가다가 뒤의 코르크판을 만나서 어떻게 들릴까요? 뒤의 코르크판 대신 딱딱한 판을 대면 소리는 어떻게 들릴까요? 다양한 자료를 함께 내주어 유아들이 과학 영역에서 직접 실험해볼 수 있도록 해주세요.

교사가 준비해준 자료 외에도 교실의 어떤 소재가 소리를 반사 또는 흡수시킬지 열의를 갖고 실험에 참여하는 모습을 볼 수 있었고 간단한 실험이었지만 그 어떤 실험 못지않게 흥미진진했다고요! 호호호

공기를 잡아라

활동자료 휴지 속심 2개, 시계, 코르크판, 책

활동내용 이 활동은 폴리백 하나면 돼요! 정말 엄청 간단한 자료 준비죠? 우리가 직접적으로 보고 만질 수는 없지만 우리 주변에 공기가 존재한다는 것을 유아가 어떻게 경험할 수 있도록 해주셨나요? 폴리백 하나면 간단해요! 폴리백에 공기를 반쯤 채운 후 위를 꽉 닫아주세요.

아래의 사진처럼 유아들은 폴리백을 이리저리 눌러보고 만져보면서 눈에 보이지는 않지만 그 안에 공기가 차 있다는 것을 손의 느낌으로 알 수 있어요. 내 손을 피해 요리조리 도망가는 공기를 잡으면서 유아들은 자연스럽게 공기의 존재를 실감하게 된답니다.

대부분 풍선에 공기를 주입하여 실험을 하곤 하는데 아시죠? 과학 영역에 풍선 하나 갖다 놓으면 어떻게 될지..^^;; 폴리백 외에도 고무 장갑으로 실험해도 좋아요. 장갑을 뒤집은 다음 공기를 넣어서 공기 압력으로 장갑 손가락을 하나씩 빼는 거요. 아이들이 너무나도 좋아했던 공기 관련 실험이었지요! 이제부터 슬슬 집안 살림살이가 하나씩 과학 영역에 등장할 거에요. 기대하시라고요! 호호호

동전이 뜨거워졌어요!

활동자료　동전

활동내용　겨울에 시린 손을 서로 비비면 따뜻해지는 거 경험해보셨죠? 이 활동은 바로 그런 원리를 이용한 거랍니다! 과학영역에 동전(10원짜리가 좋겠죠?^^)을 준비해주시고 유아들은 그저 열심히 동전을 비비면 됩니다. 곧 동전이 따뜻해지는 걸 느끼게 될 거에요. 비비지 않은 동전과 비교해볼 수 있어요.

동전을 비비면서 마찰력이 생기고 그것은 곧 열에너지로 전환이 되는 거죠. 열은 불이나 전기가 없어도 마찰력으로도 생길 수 있다는 것을 알 수 있는 활동이랍니다!

동전으로 이런 실험도 할 수 있는 게 재미있죠?

활동에 붙이 붙은 우리 아이들은 동전 뿐만 아니라 다른 물건도 마찰을 하면 열이 생기는지 알아보려고 자유선택활동 시간 내내 교실의 모든 물건을 손으로 열심히 비비고 있는 중이랍니다!저러다 지문 없어지면 어쩌려고...에고...^^:; 마찰력에 관련된 실험은 앞으로도 종종 등장하니 기대해주세요! 그럼 저도 열심히 비비러 갑니다!호호호

은은하고 멋진 소리가 나요!

활동자료 포크, 털실

활동내용

포크 하나를 준비하고 옆의 그림처럼 털실을 묶어주세요.
포크의 끝을 책상에 한번 부딪친 다음 귀에 가깝게 대어보면 어떤소리가
들리는지 유아들에게 실험해보라고 이야기해 주세요.

포크가 책상에 부딪치면서 진동이 생기고 이 진동은 실을 따라 우리 귀에 울림소리를 전달해
주지요. 포크 외에 숟가락도 준비해주세요. 두 개의 차이를 확실히 느낄 수 있을 거에요.

이 실험을 할 때 포크를 책상에 부딪치게 한 후, 그대로
귀에 가져가야 해요. 중간에 포크를 다른 곳에 닿게 하면 진동이
사라져서 소리가 들리지 않으니까요. 그런데요. 이 실험은 모두가
잠든 고요한 새벽에 해야 제 맛이에요! 얼마나 은은하게
잘 들리는지!! 다만...많이 무섭다는 게 흠이지만...호호호!

미니 그림자 극장!

활동자료   의자 두 개, 스탠드 또는 손전등, 종이인형, 테이프, 캔트지, 빨대

활동내용   아래 그림처럼 두 의자 사이에 캔트지나 모조지를 테이프로 고정시키고 유아들이 조형영역에서 그림을 오려 빨대로 손잡이를 만들어요. 여기에 스탠드나 손전등만 있으면 미니 그림자 극장 준비 끝~!

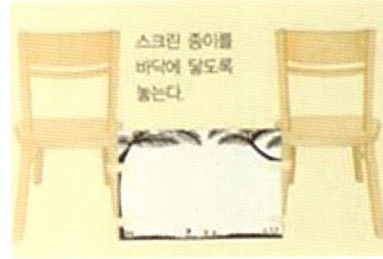

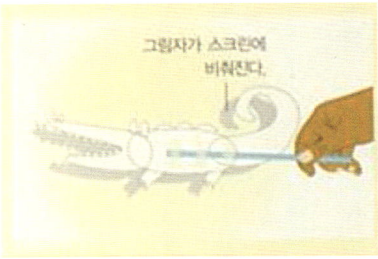

일단 이 날은 과학 영역에 이것만 준비하고 다른 것은 깨끗하게 치워둡니다! 유아들은 친구들 앞에서 그림자 공연을 보여줄 수 있어요. 스탠드 거리 조절을 다르게 하면서 어떻게 하면 그림자 인형이 선명하게 잘 나올까, 인형을 더 크게 또는 작게 보이게 할 수는 없을까를 열심히 실험하게 되겠죠!

〈오늘은 과학영역이 그림자 극장으로 변신!〉

일을 하는 바람개비

활동자료 7mm굵은 빨대, 일반 빨대, 색종이, 종이찰흙, 끈, 테이프

활동내용   바람개비활동을 많이들 해보셨죠? 혹시 바람개비가 일을 한다는 이야기를 들어보셨어요? 가장 큰 일을 하는 바람개비는 사실 풍력 발전기죠. 간단하게나마 그 원리를 경험할 수 있는 바람개비를 아래와 같은 방법으로 만들어 준비해주세요.

❶ 대각선으로 접은 후 가위로 1/3 지점까지 오린 후 바람개비 모양으로 접는다.

❷ 바람개비를 접은 후 가운데를 테이프로 고정시킨다.

❸ 송곳과 샤프등을 이용하여 가운데를 뚫고 빨대를 끼운다.

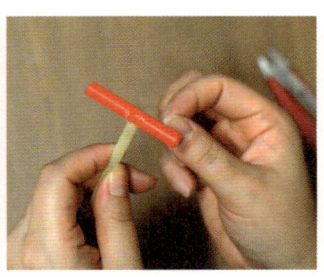

❹ 바람개비와 빨대를 테이프로 붙인다.

❺ 7mm빨대를 5등분한다.

❻ 자른 7mm빨대가 T자형이 되도록 붙인다.

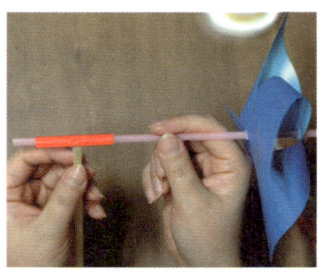

❼ 바람개비에 끼운다.

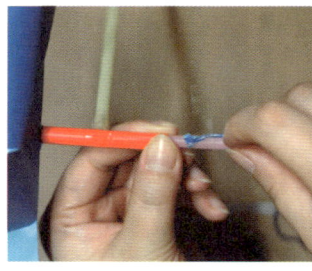

❽ 바람개비 손잡이에 털실을 붙인다.

❾ 칼라점토를 같은 크기로 2개를 동그랗게 빚는다.

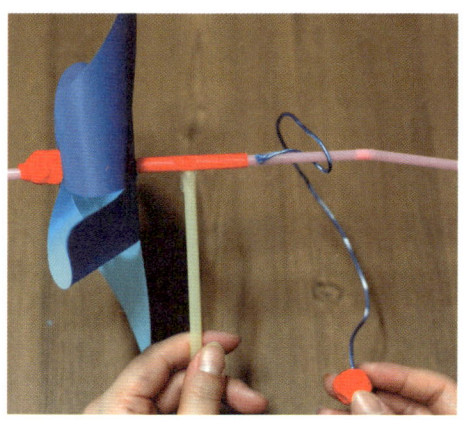

❿ 점토 하나는 바람개비 앞에 붙여 고정시키고 다른 하나는 줄끝에 매단다. 손잡이를 잡고 바람개비를 불면 점토공이 감겨 올라온다.

유아들은 다양한 각도에서 바람을 불거나 바람 부는 힘을 다르게 주면서 아래의 종이찰흙 공이 어떤 다른 속도로 끌어올려지는지 자세히 살펴보면서 실험할 수 있답니다.

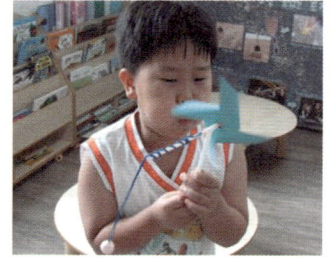

〈바람을 부니 공이 감겨 올라오네?〉

바람개비가 돌아가면서 그 힘으로 아래의 종이찰흙공이 말아 올려지게 되요. 다시 말하면 바람이 공을 들어 올리는 힘을 발휘하게 된 거죠. 공의 무게나 줄의 길이를 다르게 해서 실험도 해보았어요! 그런데 이 활동을 다 하고 나면요 세상이 빙글빙글~~~ 에고 어지러워! ㅎㅎㅎ

쩍쩍 달라 붙어요!

활동자료 발바닥 모양의 고무 빨판

활동내용 고무 빨판은 미끄럼 방지나 유리창 같은 곳에 물건을 붙게 할 때 많이 쓰이죠. 과학 영역에 준비된 발바닥 모양의 빨판을 주의 깊게 탐색하면서 어떤 용도로 쓰면 좋을지를 유아들이 스스로 판단해서 활동해보도록 하세요.

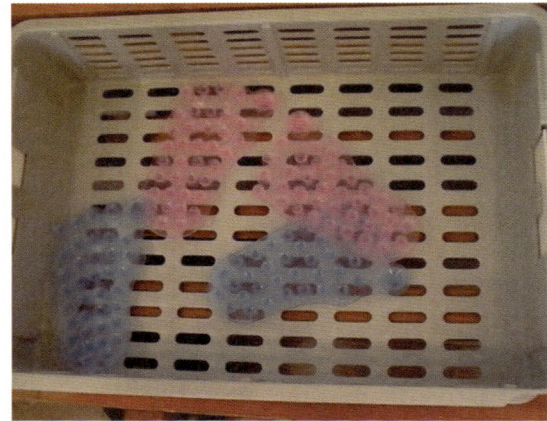

빨판이 붙는 성질이 있다는 것을 알게 되면서 빨판이 어디에 주로 잘 달라붙는지 달라붙지 않는지를 실험해보면서 붙게 하는 물건의 공통점을 알아보는 활동도 해볼 수 있어요.

빨판이 물체에 붙는 원리는 빨판을 누르게 되면 그 안의 공기가 빠져 나오게 되고 빨판이 물체에 밀착되면서 밖에 있는 공기의 압력으로 눌려지면서 달라붙게 되는 것이에요. 즉 공기의 압력 차 때문이죠. 그런데 우리 반 아이 한명이 빨판이 문어나 오징어 발에 있는것과 비슷하다고 이야기하는 거에요! 맞아요! 문어나 오징어가 이러한 원리를 잘 활용한 과학적으로 똑똑한 동물이라니까요! 저 역시 빨판처럼 누군가를 확 잡아 당기는 사람이 되고 싶은데..호호호!

숫자야, 사라져라!

활동자료 태양광 전자계산기, 수건, 시계

활동내용 태양광으로 작동이 되는 전자계산기를 과학 영역에 놓아주세요. 수건과 시계도 함께요.
먼저 유아들은 태양광으로 작동이 되는 계산기를 자세히 탐색하겠죠? 그런 다음 계산기에 숫자 버튼을 누른 후 수건이나 옷으로 태양광 센서 부분을 가리고 어느 정도 시간이 경과해야 숫자가 사라지는지 실험해볼 수 있어요.

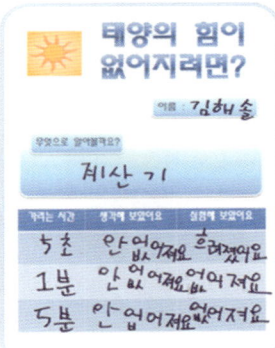

〈빛을 가리면 숫자가 언제 없어질지 실험해요.〉

이것과 더불어 건전지나 태엽 대신 빛으로 움직이는 장난감도 함께 마련해준다면 빛의 기능이나 고마움에 대해서 충분히 경험할 수 있을 거예요.

〈빛이 있어야 움직이는 장난감으로 실험해요.〉

유아들이나 교사가 주변에서 쉽게 볼 수 있는 실물이나 자료 중 감각적이며 다양한 방식으로 탐색할 수 있는 사물을 수집하여 과학 영역에서 관찰, 탐구할 수 있어요. 반드시 교육 주제와 맞지 않더라도 계절에 따라 수집한 자연물이나 다양한 감각 자료를 주기적으로 변화시켜서 구성해줄 수 있답니다. 교사뿐만 아니라 유아들도 직접 참여하도록 하여 유아들의 자발적인 탐색 능력 향상과 과학에 대한 흥미와 호기심을 자극할 수 있도록 해야겠죠.

흐물흐물해져요

활동자료   건조 미역, 꽃차, 물

활동내용   음식을 장기간 보관하는 대표적인 방법은 건조법이에요. 저장 식품들 대부분이 그렇죠?

우리가 자주 먹는 미역도 건조되어 수분이 쫙 빠진 상태죠. 그런데 물에 넣으면 곧 놀라운 변화가 일어나요. 과학 영역에 건조된 미역과 물에 넣어서 상태가 변화된 미역을 관찰거리로 내어줄 수 있어요. 단지 물을 만났을 뿐인데 너무나도 달라진 미역의 변화를 유아들은 주의깊게 관찰할 수 있답니다!

이와 함께 꽃차의 변화도 살펴볼 수 있어요. 물에 넣기 전 딱딱했던 꽃차가 물에 들어간 후 곱게 꽃이 피어나면서 크고 부드러운 한 송이 꽃으로 변화된 모습을 before & After로 관찰할 수 있다고요! ^^

물론 유아들이 관찰할 때는 뜨거운 물은 버리고 접시위에 꽃만 올려놓아주면 되겠죠?

표본을 만들었어요!

활동자료 죽은 곤충, 원통형 CD케이스, 글루건

활동내용 시중에 판매되는 곤충 표본은 한마디로 그림의 떡이죠. 가격이 어마어마하니까요. 아이들은 곤충을 매우 좋아하는데 표본이라도 있으면 좀 더 자세히 관찰할 수 있겠죠?

마침 아이들이 바깥 놀이를 하면서 죽은 매미와 사마귀를 가지고 들어왔네요. 쓰지 않는 원통형 CD케이스와 글루건으로 아래와 같은 매미 표본을 만들어봤어요. 어디나 들고 다닐 수 있어서 더 훌륭한 것 같아요. 나비표본을 만들 때는 네모난 CD케이스에 나비를 잘 펴서 붙인 후, 케이스 뚜껑을 열리지 않게 고정시키면 간단한 나비 표본을 만들 수 있답니다.

> 아이들이 야외 활동하다 주워온 죽은 잠자리, 벌, 풍뎅이, 지렁이, 그리고 매미껍질 등으로 표본이 하나씩 하나씩 늘어 갔어요. 마치 제 자신이 파브르 박사가 환생한 것은 아닐까 하는 착각마저 들 정도로요. ^^ 아이들 덕분에 주변에 버려진 곤충하나, 땅에 져버린 꽃잎 하나에도 관심이 가게 되고 이런 것들을 '우리가 수집했어요'란 제목을 달아 관찰 테이블을 마련해주니 얼마나 과학 영역이 풍성해지던지요! 그나저나 여름철 극성인 이 모기들로 표본을 만들면 어떨까 싶어요. 두고두고 관찰하고 분석하면서 집중 탐구해 보게요! 같이 잡으러 가실래요? 호호호!

게 껍질 관찰!

활동자료   음식점에서 가져온 게 껍질, 절구 방망이, 믹서기

활동내용   가족들과 외식하면서 나온 게 껍질을 가져온 아이가 있었지요. 친구들과 관찰하고 싶다면서요. 그래서 깨끗이 씻고 말려 관찰책상에 올려놓았어요. 쓰레기로 버려지는 게 대부분인 이 게 껍질이 반 아이들에게는 더없이 좋은 관찰거리가 되었네요. 등껍질의 색이나 질감, 안과 겉의 차이, 뾰족뾰족한 테두리 등 관찰할 거리가 아주 풍부했어요.

(꽃게 껍질이 이렇게 생겼구나. 눈은 어디에 있었을까?)

관찰이 어느 정도 끝나고 나서 절구 방망이로 대략 부신 후, 믹서기에 갈아 가루를 만들었어요. 딱딱한 게 껍질의 물리적인 변화에 아이들이 많은 흥미를 보였답니다.

이젠 어디를 가도 아이들이 관찰하면 좋을만한 사물이 뭐가 있는지 자꾸 살피게 되네요. 이런 저를 닮아 우리 아이들도 조개구이집에 외식하러가서는 다양한 조개껍질을 가져오기도 하고 양파껍질이나 메론 껍질 등을 가져와서 서로 다른 껍질의 표면들을 친구들과 살펴보자고 했어요. 대단하죠?

쓰임새 많은 숯

활동자료   숯, 목탄 그림

활동내용   생활 속에서 다양한 용도로 활용되고 있는 숯을 과학 영역 관찰 테이블에 올려놓아보세요. 벽면에 숯 그림인 목탄화도 함께 전시해 주시면 더욱 좋고요. 숯의 구멍, 모양, 숯의 단단함, 냄새 등을 탐색할 수 있는 기회가 되요.

숯을 충분히 관찰하고 나서 교실에 숯을 두면 좋을 만한 장소를 알아보고 유아들이 그 효과를 느낄 수 있도록 하면 더욱 좋답니다!

숯의 다양한 용도를 알아보면서 우리 선조들의 삶의 지혜도 살펴보게 되었어요. 아이들이 숯을 자유롭게 탐색하고 난 후, 손을 닦을 수 있도록 숯 옆에 젖은 수건 하나쯤 갖다놓는 센스.... 알고 계시죠? 호호호!

텔레비전 속 세상

활동자료 고장 난 텔레비전

활동내용 전자제품이나 기계류를 자세히 관찰한다는 것은 쉽지 않죠. 그래서 전파사 아저씨를 초빙하여 고장 난 텔레비전을 분해하여 그 속이 어떻게 생겼는지 자세히 살펴볼 수 있는 기회를 마련했어요. 관찰 영역에 계속 두고 텔레비전 속의 복잡한 기계부품과 선들을 꾸준히 관찰해볼 수 있었지요.

텔레비전 부품들의 이름과 기능에 대해서 다 알 수는 없지만 중추의 역할을 하는 칩도 살펴보고 텔레비전 속이 생각보다 매우 복잡하다는 것을 알 수 있었죠. 기계류까지 가세하니 과학 영역의 인기가 점점 오르고 있는 게 보이시죠? 야호!

뼈들을 모아보면..

활동자료 닭 뼈, 돼지 족발 뼈, 생선의 가시, 식초

활동내용 뼈에 대한 주제 활동을 하면서 닭 뼈, 돼지 족발 뼈, 생선의 가시 등이 관찰 테이블 위에 올라
왔어요. 동물마다 뼈의 생김새, 색 등이 비슷하면서도 다른 점이 있다는 것을 관찰을 통해 알
게 되었지요.

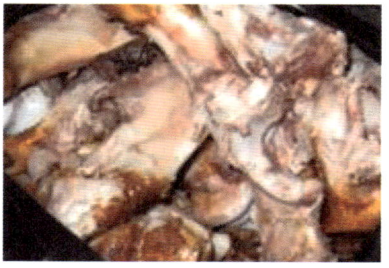

닭 뼈를 식초에 담구면 뼈가 연해져 크기가 작아지거나 조금만 힘을 줘도 휘어버리는거 아세
요? 아이들과 실험해보고 과학 영역에 결과물을 올려놓아 볼까요?

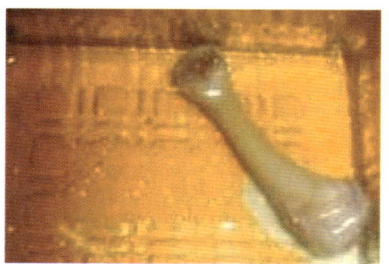

뼈를 관찰 테이블에 둘 때는 살을 깨끗하게 제거해야 돼요.
그래야 오랫동안 관찰할 수 있으니까요. 다양한 뼈 관찰은 뼈가 없는
동물을 알아보는 활동으로 확장되었고 뼈가 없기 때문에 나타나는
특징도 알아보았답니다. 어찌나 뼈에 골몰했던지 제 뼈가
욱신욱신하는 것 같네요. 후후후..

잎맥을 관찰해요

활동자료   나뭇잎 코팅, OHP기기

활동내용   다양한 크기, 모양의 나뭇잎을 관찰하는 활동은 많이들 하고 있죠? 그런데 잘 말린 후 코팅을 해서 OHP기기나 라이트 테이블에서 관찰하면 잎맥이나 모양을 더욱 선명하게 관찰할 수 있어요.

〈잘 말린 나뭇잎을 코팅해서 OHP위에 올려놓으면 잎맥이 선명하게 보여요.〉

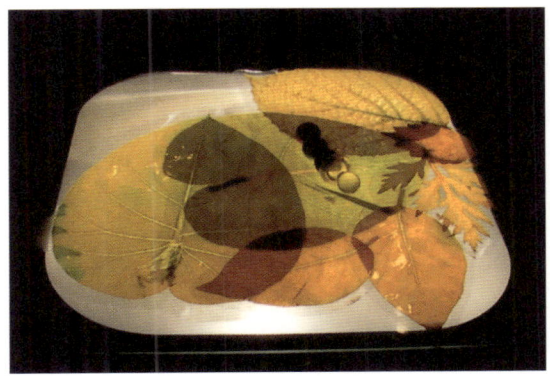

〈알자석을 여러 개 붙여 애벌레를 만들어 이야기를 꾸미면서 놀아요.〉

나뭇잎끼리 서로 겹치면서 또 다른 아름다운 무늬와 색을 만들어 내고 있네요.

OHP나 라이트 테이블을 과학영역에 두면 아이들이 사물을 좀 더 선명하게, 감각적으로 관찰할 수 있어서 매우 효과적이랍니다.

관찰하기, 질문구성하기, 조사하기, 조사 계획하기, 결과 예측하기, 결과에 대해 의사소통하기 등의 다면적인 탐구 활동을 다양한 방식으로 기록하고 표상화 하는 것은 중요해요. 말이나 그림, 역할극, 나만의 상징이나 표현 양식 등으로 기록하는 거죠. 과학 활동의 표상이라면 천편 일률적인 실험표 작성이나 관찰 그림 등에 치중을 하는데 글이나 그림이 익숙치 않은 유아들은 이러한 방식으로는 자신의 생각을 충분히 드러내기가 쉽지 않을 수 있어요. 그러므로 자신이 연구하고 탐색한 작업을 좀 더 다채로운 매체를 통해 설명할 수 있는 기회가 필요하답니다.

가마솥의 비밀은..

활동자료   KISTI의 과학 향기의 '가마솥편' 그림, 가마솥, 전기밥솥 그림 목걸이

활동내용   KISTI의 과학 향기의 '가마솥편' 그림을 살펴보면서 어떤 내용의 그림인지 알아본 후, 각자 역할을 맡아 가마솥에 숨어있는 과학 원리를 동극으로 표상해볼 수 있어요.

전기밥솥 : 사람들이 내 전기밥솥 밥보다 가마솥 밥을 좋아하게 만든 비법을 알려주세요, 네?
가마솥 : 그걸 가르쳐줄까말까?
전기밥솥 : 부탁합니다. 가마솥님!

가마솥 : 음.. 그건 말이지. 가마솥 솥뚜껑은 무게가 무거워서 높은 온도가 유지되니 맛있는 밥이 되는 거란다. 에헴~~!
전기밥솥 : 아하! 정말 대단하세요!

가마솥에 밥을 할 때 솥의 물이 끓으면 수증기가 생기죠?
이것이 바깥으로 날아가면 솥 안의 온도가 쉽게 내려가 밥맛이
나빠져요. 그런데 가마솥은 뚜껑이 무거워 수증기가 새어나가는 것을
막아줘요. 그러면 솥 안의 압력이 높아져 높은 온도에서 물이 끓게 되고
밥이 맛있게 되는 거에요. 가마솥 밥에 맛있는 된장 찌개 한 그릇!
저 밥 먹고 올게요~~ 호호호

아이들과 동극해볼 수 있는 또 다른 자료입니다. 이 사진이 우리에게 무엇을 말하는지 왜 이런 일이 발생했는지 이야기 나눈 후, 역할을 맡아 동극 활동 해보세요.

살 곳을 잃어가는 아기 북극곰 이야기

아기 북극곰 : 엄마, 오늘은 우리 먼 데까지 가서 놀아요, 네!

엄마 북극곰 : 안 돼, 요즘 자꾸 빙하가 녹아서 멀리 가면 위험해요

아기 북극곰 : 왜요? 왜 빙하가 녹는데요?

엄마 북극곰 : 지구에 사는 사람들이 이산화탄소 같은 공기 오염물질을 많이 만들어내서 지구가 점점 뜨거워져 우리 남극의 빙하 가 녹고 있는 거란다.

아기 북극곰 : 그럼 빙하가 녹으면 우린 어디에서 어떻게 살아요?

엄마 북극곰 : 그래. 이 빙하가 우리 집이자 살 곳인데 빙하가 녹으면 우린 꼼짝없이 죽게 되겠지.

아기 북극곰 : 그럴 순 없어요! 안돼요!

엄마 북극곰 : 사람들이 우리의 사정을 알고 자동차 대신 버스나 지하철을 이용하고 전기를 아껴 쓰면 지구가 더 이상 뜨거워지는것을 막을 수 있지

아기 북극곰 : 분명히 사람들이 우리를 도와 줄 거에요. 엄마, 우리 희망을 가져요, 흑흑흑

손이 하는 일을 대신해요.

활동자료 사인펜이나 매직, 휴지, 종이

활동내용 그 어떤 로봇도 사람의 손처럼 섬세한 동작을 할 수는 없다고 하죠? 우리 아이들도 몸 중에
어떤 부분으로 그림을 그리면 손이 그리는 그림과 가장 비슷한 그림이 나올 수 있을지를 예측
하고 비교해보면서 그림으로 그 어려움을 표상해보았어요.

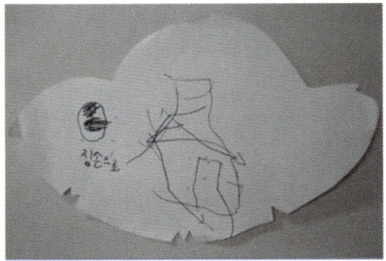

〈발로 그린 집!〉

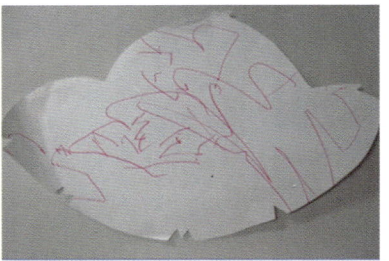

〈사람과 구름이야.〉

이 활동을 통해 손의 다양한 기능과 소근육의 역할 등에
대해서도 경험할 수 있었답니다. 아이들이 생각해낸 몸의 다양한 부위로
그림을 그려볼 수 있도록 해주세요. 손이 얼마나 고마운지
인사라도 꾸벅 하고 싶어질걸요?

나도 과학자처럼...

활동자료 실험계획서, 사인펜, 풍선 등 유아들이 원하는 자료

활동내용 과학자들은 어떻게 실험을 구상하고 실행하는 걸까요? 유아들과 과학자들이 과학을 행하는 모습을 알아보고 유아들도 마치 자신이 과학자가 된 것처럼 평소 궁금하고 알아보고 싶었던 실험을 스스로 계획하고 실행해보았어요. 그 과정을 실험 계획서에 표상해보았어요.

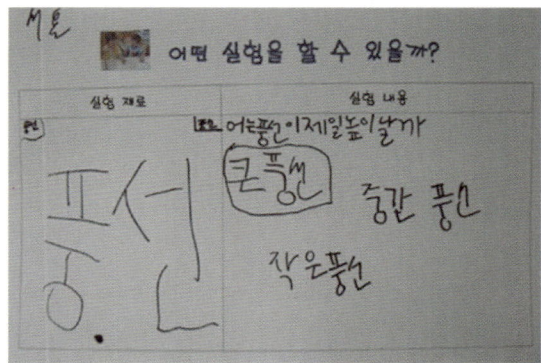

〈크기가 다른 풍선 중 어떤 풍선이 제일 높이 날까?〉

〈풍선으로 정전기를 많이 생기게 하는 방법은?〉

41

이렇게 소리가 나는 거예요.

활동자료   과자통과 용수철을 이용하여 만든 썬더드럼, 종이, 연필

활동내용   긴 원통 윗면에 비닐이나 기름종이를 붙이고 작은 구멍을 뚫어 긴 용수철을 넣어 썬더 드럼을 만들어보세요. 이 썬더 드럼을 연주하면서 어떤 원리로 천둥소리와 비슷한 소리가 나는지를 탐구하면서 추론할 수 있어요.

〈내가 생각한 소리가 나는 원리는 바로 이거예요.〉

어떤 형식을 제시하지 말고 썬더드럼과 종이, 연필만 과학 영역에 놔주고 어떻게 소리가 나는지를 자유롭게 표현하라고 했더니 그림과 기호 등으로도 자신의 생각을 표상하였네요!

자신만의 상징, 기호 등으로 표현한 유아들의 표상물을 보면 어려운 암호를 해독하는 기분이 들더라고요. 그러나 설명을 듣고 나면 '정말 창의적이다!' 라는 것을 느끼게 되는 것 같아요. 가끔은 우리도 말이나 글보다는 몸짓, 눈빛으로 의견 교환하는게 좋잖아요 그쵸? 호호호

교사들이 제작하는 다양한 과학 교재 교구는 유아들이 과학에 대해 호기심과 흥미를 가질 수 있는 효과적인 매개물이 될 수 있어요. 그러나 현장에 많은 교재교구들이 언어나 조작, 수 교구 등에 집중되어 있으므로 과학 영역은 별다른 교재교구 없이 관찰 거리만 즐비한 경우가 많죠. 주제와 관련하여 또는 관심 있는 과학적 현상이나 사물에 대한 다양한 방식의 과학 교재 교구는 과학 영역을 활성화시킬 수 있는 효과적인 대안이 될 수 있어요. 교구 소개와 더불어 간단한 제작 방법을 알려드릴게요.

만화경은 신기해!

활동자료 거울 시트지, 두꺼운 도화지, 작은 사물, 가위

활동내용 시중에 판매되는 만화경을 간단하게 선생님이 제작해줄 수 있어요. 거울 시트지를 두꺼운 도화지에 붙이고 아래 그림처럼 접으면 세 면이 거울인 만화경이 만들어져요. 작은 꽃이 삼각거울에 반사되어 풍성해보이죠?

(면이 많아질수록 반사되는 것이 많아
작은 꽃 한송이가 이렇게 많아 보이네!.)

교사가 제작한 과학 교재교구는 아이들의 수준과 흥미가 잘
반영되어서 그런지 역시 인기가 있어요! 작은 벌레를 저 만화경에 넣고
깜짝 놀라는 아이들 모습이 정말 귀여웠어요. 삼각 거울에 제 모습은 어떻게
보일까요? 왠지 또 다른 나를 발견할 것만 같은이 기분~~!

새를 새장 속으로!

활동자료 두꺼운 도화지, 끈, 매직, 가위, 펀치

활동내용 눈의 착시를 이용해서 새가 새장 속에 갇힌 듯한 교구를 제작해줄 수 있어요.

  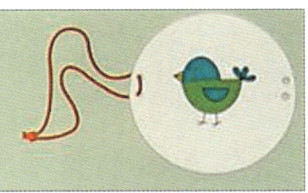

① 동그란 종이 2개에 각각 새와 새장 그림을 그려요. 새장을 새보다 크게 그린다.

② 위 아래 방향을 반대로 해서 붙인 후 양 옆을 펀치로 구멍을 두 개씩 뚫는다.

③ 구멍에 끈을 연결한다.

 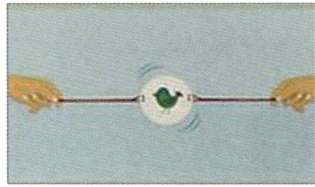

④ 끈에 양 손가락을 걸고 한 방향으로 여러 번 돌린 후 잡아당기면 새가 새장에 갇혀 있는 것을 볼 수 있다.

과학 영역에서 이 교구로 활동해본 유아들은 직접 그림을 그려 만들 수 있어요. 과학과 조형 활동을 통합해서 진행할 수 있겠죠?

아이들은 새보다는 호랑이, 사자, 표범 등을 그려서 우리 안에 가두는 교구를 만들던데요?^^ 둥근 종이판이 돌아가면서 앞뒤의 그림이 빠르게 돌아가는데 우리의 뇌가 이것을 하나의 그림으로 인식하기 때문에 이런 현상이 보이는 거에요. 이 원리는 만화영화를 만드는 기본원리이기도 해요. 반드시 새와 새장 그림을 상하 반대로 붙여야 해요. 그것만 지키면 교구 하나 뚝딱 완성입니다!

바람타고 훨훨~

활동자료	패트병, 굵은 빨대, 일반 빨대, 깃털, 캔따개, 작은 스티로폴공 빨대 자른 것

활동내용	입으로 바람을 불었을 때 소재에 따라 날리는 정도를 비교해보면서 바람의 힘을 경험해볼 수 있는 교구에요.

① 패트병 아래 쪽에 굵은 빨대를 꽂고 그 주변을 글루건 등으로 고정시킨다.

② 깃털, 캔 따개, 작은 스티로폴 공, 빨대 자른 것 등을 각각의 패트병안에 넣는다.

③ 굵은 빨대에 개인용 작은 빨대를 넣어 힘껏 바람을 불어 각각의 재료들이 날리는 모습을 관찰한다.

패트병에 눈금 보이세요? 아이들이 제안한 거랍니다.
누가 누가 높이 올리나 시합해볼 수도 있다고요. 얼굴이 빨개져라
교구활동 하는 아이들을 보면서 제작에 다소 힘은 들었지만 한껏 보람을
느꼈어요! 호호

어떤 냄새일까?

활동자료   패트병, 우드락, 포푸리, 허브, 원두커피 등

활동내용   우리 주변에 다양한 냄새가 나는 자료들을 패트병에 넣은 후 유아들이 이를 맡아보면서 냄새들을 변별해보고 서로 비교해볼 수 있는 교구에요.

사용하지 않을 때는 뚜껑을 닫아놓으면 냄새가 오래 유지되겠죠? 안에 넣을 수 있는 자료로는 각종 포푸리나 허브잎, 원두커피, 계피나무, 통후추, 타이어 조각, 쑥 등이 있겠죠. 이러한 자료를 유아들과 함께 수집하는 것이 좋겠죠?

처음에는 교구 안에 향이 좋은포푸리를 4개의 패트병에 모두 넣었는데 너무 강한 향을 계속 맡으니 골치가 아프고 효과도 그리 좋지 못했어요. 그래서 더 다양한 향, 냄새들을 찾아 나서게 되었죠. 허브나 통후추, 강황 등의 향신료가 의외로 반응이 좋았어요. 냄새가 다 날아간 원두로 염색을 하거나 포푸리로 꼴라쥬 활동을 할 수도있으니 이 교구, 여러모로 매력적이네요! 호호호

어떤 화분일까?

활동자료 유치원이나 어린이집에 있는 화분 사진, 화분카드, 손 표시

활동내용 교실뿐만 아니라 야외 공간에 있는 다양한 화초와 꽃을 주의 깊게 탐색하고 탐구할 수 있는 재미있는 게임교구 에요.

① 유아들과 교실, 바깥에 있는 모든 화분의 사진을 찍는다.

② 사진 하나는 크게 프린트해서 코팅하고 다른 한 사진은 옆의 그림처럼 화분 모양에 붙이고 손잡이를 달아 화분 카드를 만 든다.

③ 장갑과 솜 등을 이용하여 손 표시를 만든 다.

④ 둘이 짝이 되어 한사람은 항아리에 담긴 화분 카드를 뽑아 사진을 보여주지 않고 설명하고 다른 유아는 손 표시로 설명한 화분을 가리킨다.

짝을 찾아라!

활동자료 다양한 길이, 굵기의 볼트와 너트, 나무판

활동내용 볼트와 너트는 각종 기자재를 조이고 고정시키는 기초 부품이에요. 다양한 크기의 볼트와 너트 중에 서로 짝이 되는 것을 찾아 조이고 푸는 교구입니다.

긴 것이 볼트이고 육각형 모양이 너트인 것은 아시죠? 이 교구를 통해 기계의 기초부품을 직접 조작해볼 수 있고 스패너 등의 기구를 이용해볼 수도 있어요.

이런 금속류 등의 부품이나 자물쇠, 문고리 등의 다양한
잠금장치들도 흥미로운 과학 교구가 될 수 있어요! 아빠와 함께 하는
교구로도 인기만점이니 가정에 안내를 해주셔도 좋겠죠?

보인다, 보여!

활동자료　검은 도화지, 다양한 자연물 사진, 두꺼운 비닐, 흰 도화지

활동내용　유아들과 산책이나 야외활동을 가서 관찰한 다양한 자연물을 사진 찍은 후 이를 자세히 살펴
볼 수 있는 교구에요.

① 아이들과 함께 찍은 자연물 사진을 OHP지에 프린트한 후 보기 좋게 배열하여 두꺼운
　비닐에 붙인다.

② ①의 크기만큼 검은 도화지를 준비하고 우드락이나 하드보드지에 붙인다.

③ 흰 도화지를 돋보기 모양으로 자른 후 코팅한다.

④ ①과 ②사이에 도화지로 만든 돋보기를 끼워서 보면 위의 사진처럼 자연물 사진이
　선명하게 잘 보인다.

하얀색 돋보기를 사진과 검은 도화지사이에 끼우면
사진의 배경이 밝아져서 잘 보이게 되는 원리를 이용한 거죠. 간단하지만
유아들의 흥미를 끌기에 좋은 교구이고 사물을 좀 더 자세히 잘 관찰하는
태도를 길러 주지요. 당장 만들어보고 싶지 않나요?^^

고무줄 기타

활동자료 굵기가 다른 고무줄, 상자

활동내용

현악기는 줄의 굵기와 줄의 길이, 당김 정도에 따라 소리가 달라지죠. 굵기가 다른 고무줄로 아이들에게 고무줄 기타를 만들어줄 수 있어요.

줄마다 어떤 소리의 차이가 있는지, 떨리는 정도는 어떤 지를 탐색해볼 수 있는 기타입니다. 제작이 아주 간단한 것이 최고의 장점이겠죠?

굵기가 다른 고무줄은 고무제품을 다루는 전문 시장에 가면 구입이 가능해요. 여건이 되면 기타처럼 외형을 꾸며줄 수 있겠죠? 아이들은 고무줄 기타를 연주하면서 줄의 음색을 목소리로 흉내내어 보더라고요. 떨림의 차이를 확연히 알아볼 수 있는 '떨리게' 좋은 교구 라고요! 호호호

오묘한 빛, 멋있는 빛

활동자료 액자틀 2개, 경첩, 전구, 전구소켓, 나무판, 홀로그램지,은박지

활동내용 홀로그램지라고 들어보셨나요? 반짝거리는 포장지 등에 많이 사용되는 거요. 홀로그램지에 빛을 비추면 더욱 아름다운 효과를 볼 수 있어요. 아래 교구는 반짝이는 성질을 가진 다양한 홀로그램지와 은박지에 빛을 비추었을 때 어떤 효과가 있는지 알아보는 교구에요.

① 액자틀 두 개 사이에 경첩을 단다.

② 나무판에 전구과 전구소켓을 연결하여 불이 들어오도록 제작한다.

③ 홀로그램지, 은박지 등의 종이 뒤에 하드보드지를 대고 노끈 등으로 손잡이를 만들어 액자틀에 끼우고 빼기 편하게 만든다.

④ 원하는 홀로그램지를 액자틀에 끼우고 불을 켜서 효과를 살펴본다.

빛을 내는 교구는 아이들이 정말 좋아하는 교구 중 하나죠.
은박지는 빛을 더욱 환하게 만드는 효과가 있음을 아이들이 활동을
통해 알아내었어요. 이런 원리는 생활에 응용해도 좋겠지요?

어디에 숨었니?

활동자료 아크릴 반원, 곤충모형, 신문지, 한지, 투명락카, 자연물, 우드락

활동내용 곤충은 자기 몸을 보호하기 위한 수단으로 보호색을 가지고 있지요. 이를 경험해볼 수 있도록 교구를 만들었답니다.

① 우드락을 위의 사진처럼 원으로 잘라 한지로 붙이고 곤충모형의 실제 사진을 붙인다.

② ①의 가운데에 각 곤충 모형의 색과 유사하도록 숲을 꾸며준다.
  (한지나 신문지 등을 구겨 락카를 뿌려 바위나 나무 등을 표현하고 실제 자연물로도 꾸민다)

③ 반원을 덮는다.

④ 곤충 사진을 잘 관찰한 후, 꾸며진 숲 디오라마 속에서 해당 곤충을 찾아본다. 보호색을 활용해서 숲 디오마라를 만들어서 곤충을 찾으려면 자세히 잘 살펴보아야 해요. 교구 활동을 하면서 각자 곤충에 대해 알고 있는 것을 이야기하며 정보를 나누고 활발하게 의견을 교환하는 것을 볼 수 있었지요!

상업적인 과학 교구는 측정, 관찰을 위한 교구가 많고 주제에 맞춰 세트화된 것도 있어요. 과학 자료에 대한 교사의 어려움과 수고를 덜어줄 뿐만 아니라 유아들이 좀 더 쉽고 재미있게 과학을 체계적으로 접할 수 있다는 장점이 있어요. 그러나 유아에게 발달적으로 적합하지 않거나 흥미 위주로 제공되는 것이 많고 가격이 비싸다는 큰 단점이 있으므로 교사들은 상업 과학교구를 구입하기 전에 세심한 고려가 요구된답니다.

더 크게, 더 자세하게!

활동자료 각 종 돋보기, 카메라

활동내용 시중에 판매되고 있는 유아 과학 교구들 중에 관찰용 도구가 많은 비중을 차지하고 있어요. 유아의 발달이나 수준, 가격을 고려하여 다양한 관찰 도구를 준비하는 것이 필요하죠.

언제 어디서든 자연물을 쉽게 다양한 각도에서 관찰할 수 있는 제품이네요.

요즘엔 일반화된 디지털 카메라의 줌 기능도 사물을 크게 자세히 확대해서 볼 수 있는 좋은 도구이죠. 산책에서 발견한 자연물 또는 유아들이 직접 교실에서 기르고 있는 동식물을 유아들이 직접 근접 촬영하여 바로 확인해보거나 사진을 출력하여 과학 영역 게시판에 전시해줄 수도 있겠죠.

〈교실에서 기르는 달팽이의 치설을 근접 촬영한 사진〉

〈산책하며 발견한 나비와 꽃의 암술을 근접 촬영한 사진〉

어떤 공룡 뼈일까?

활동자료 공룡 뼈세트

활동내용 공룡은 아이들에게 언제나 흥미진진한 주제이죠. 뼈를 맞춰서 공룡을 완성하는 교구를 통해 초식 공룡과 육식 공룡의 뼈의 차이를 알아볼 수 있었고 뼈 중에서 가장 큰 뼈와 작은 뼈, 모양이 비슷한 뼈 등을 분류해보고 비교해보는 활동도 할 수 있었죠.

공룡뼈 교구와 더불어 라이트 테이블과 공룡뼈 그림을 OHP필름으로 출력하여 함께 준비해주면 더욱 심화된 활동을 할 수 있어요.

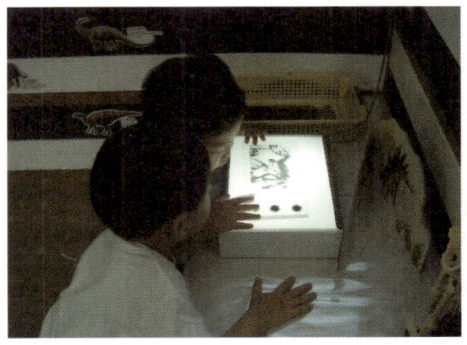

팽이야, 돌아라!

활동자료   각종 다양한 팽이들

활동내용   팽이는 마찰력, 구심력, 무게중심 등의 물리 개념을 경험할 수 있는 과학 교구에요. 팽이를 돌리면서 오래 돌릴 수 있는 방법을 모색해보거나 팽이의 움직임, 팽이의 반경 등을 탐구할 수 있어요. 기본 팽이 외에 아래의 색다른 팽이도 과학 영역에 제시해주세요.

〈전자석으로 인해 멈추지 않는 팽이〉 〈색의 혼합을 볼 수 있는 팽이〉

〈자기 부상으로 공중에서 도는 팽이〉

자기 부상 팽이 자석이 밀어내는 힘을 이용하여 공중에 뜨도록 제작된 팽이에요. 가격이 크게 부담스럽지 않으니 아이들과 경험해 봐도 좋을 듯 해요.

자석은 종류도 많고 무엇보다 쉽게 구할 수 있고,
다양한 물리적 현상을 경험하게 하는 매우 좋은 교구죠?

에너지를 아껴요

활동자료   자가 발전 손전등

활동내용   석유 고갈, 환경오염, 대체 에너지 등등…최근 들어 자주 듣게 되는 단어죠? 전기나 배터리가 아닌 순수 사람의 운동에너지로 빛이 나는 손전등과 같은 친환경 용품이 많이 나오고 있어요. 과학 영역에서 아이들이 이러한 제품을 갖고 놀다보면 자연스럽게 환경에 대해서 관심을 가질 수 있겠죠?

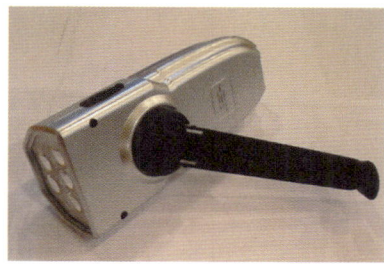

〈손잡이를 돌리면 빛도 나오고 라디오 소리도 들려요〉

자가발전 손전등은 태엽을 돌려서 빛을 내는 것이라면 자전거의 빛은 페달을 밟아서 빛을 내는 거죠.

배관 놀잇감!

활동자료   다양한 PVC 배관 이음관, 파이프

활동내용   PVC 배관 이음관은 철물점에서 흔히 볼 수 있는 자재에요. 여러 모양의 배관 이음관과 길이가 다른 파이프를 과학 영역에 내어주었는데 웬만한 블록교구보다 반응이 좋았어요. 아이들이 다양한 용도로 실험을 하고 탐색하는 것을 볼 수 있었어요.

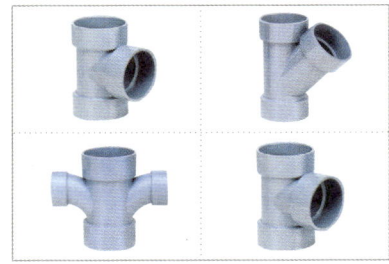

〈팔에 끼우고 로봇놀이〉

〈소리 전달 놀이〉

〈잠망경 놀이〉

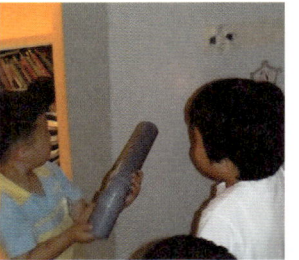

〈빛 통과 실험〉

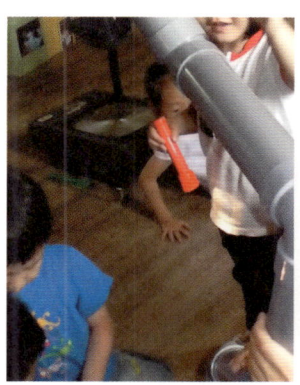
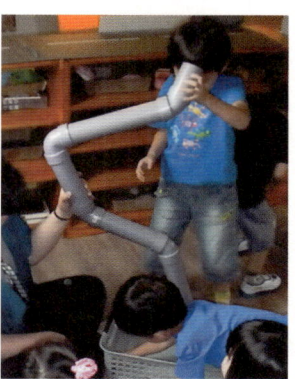

〈PVC 이음관을 연결해서 관통실험을 하고 있어요〉

흥미 영역 중 쌓기놀이 영역이 항상 인기 1위였는데 이 PVC배관 덕분에 과학 영역이 선두대열에 들어섰어요! 이음관의 형태가 다양할수록 아이들은 기발한 놀이를 만들어내고 모두 힘을 합쳐 길고 복잡한 길을 만들었지요. 구슬을 넣고 얼마만큼 빠른 속도로 관통이 되는지 알아보는 실험은 정말 흥미로웠어요! 참, 직선형의 파이프는 줄 칼로 원하는 길이만큼 잘라서 내어주면 돼요. 생각한 것보다 훨씬 창의적으로 재미있게 놀아주는 아이들에게 고마운 마음 가득입니다! 호호호

유아들은 동식물과 오래 기간 함께 생활하면서 돌보고, 성장 과정을 지켜보는 과정을 통해 생명에 대해 존중하는 마음을 갖게 되며, 동물의 생존에 필요한 필수 요소와 특성 등에 대한 다양한 지식을 습득하게 돼요. 교실에서 동식물을 기르는 것을 유아들을 흥분하게 할 만큼 흥미로운 활동이지만 유아들이 지속적으로 관심과 흥미를 가질 수 있도록 교사의 주의 깊은 반응과 다채로운 교육 활동을 마련해야 함을 잊지 마세요!

감자꽃, 고구마꽃?

활동자료 꽃이 핀 감자, 고구마

활동내용 일상적으로 자주 먹게 되는 감자와 고구마에도 꽃이 핀다는 사실을 알고 있었어요? 교실에서 감자와 고구마를 기르게 되었는데 사랑과 정성을 듬뿍 줬더니 꽃을 보여주었어요. 먹는 음식에서 꽃이 피었다는 사실에 아이들이 매우 흥분하였어요.

〈감자꽃〉

〈고구마꽃〉

감자, 고구마는 교실에서 수경재배로 많이 키우고 있지만 꽃까지 보기는 쉽지 않아요. 물이 탁해지면 바로 갈아주고 물을 뿌리까지만 넣어주세요. 또 햇빛도 중요하지만 통풍이 잘 되는 곳에 두는 것이 더 중요해요. 잎이 누렇게 되면 액상 영양제를 한 방울 정도 떨어뜨리면 효과가 있답니다.

우리가 흔히 먹는 채소들의 꽃을 더 감상해볼까요?

〈당근꽃〉

〈오이꽃〉

〈양파꽃〉

〈가지꽃〉

도시에서는 흔히 볼 수 없는 꽃인데 장미나 백합만큼 아름다운 꽃을 아이들과 함께 발견하였네요! 이제부터 채소나 과일을 먹을 때 어떤 꽃일까를 상상하면서 먹어야겠다는 생각이 드네요..호호

예쁜 모양의 새싹!

활동자료 쿠키틀, 새싹채소 씨앗, 솜, 물, 접시

활동내용 해마다 봄이 되면 씨앗·싹을 틔우는 실험을 하시죠? 싹이 틀 때는 큰 반응을 보이다가 곧 관심이 사라지는 것을 볼 수 있어요. 그래서 좀 더 예쁘고 매력 있게 새싹을 기르는 방법을 소개할까 해요.

바로 쿠키틀 안에 씨앗을 뿌리는 거에요! 물에 적신 솜 위에 쿠키틀을 올려놓고 안에 골고루 새싹채소 씨앗을 뿌려주는 거죠. 어떤 변화가 있을까요?

너무나 감각적인 새싹들이죠?

식빵에 곰팡이가!

활동자료 식빵, 접시, 분무기, 랩

활동내용 여름철이 되면 곰팡이와 전쟁을 벌이게 되는데요. 과학 영역에서 아이들과 곰팡이를 길러볼 수 있어요. 식빵에 물을 뿌리고 얼마만큼 시간이 경과되면 곰팡이가 피는지, 물의 양에 따라서 곰팡이가 피는 정도는 어떠한지 탐구하는 거에요.

물의 양에 따라 확실히 다른 양상을 볼 수 있죠? 곰팡이를 피우면서 곰팡이는 식물일까 동물일까에 대해 토론할 수 있고 유익한 곰팡이에 대해서도 알아볼 수 있어요.

곰팡이를 기를 때 반드시 랩을 씌워야 하는 거 아시죠?
그리고 곰팡이는 엄밀히 말하면 식물도 동물도 아닌 균류에 속한다고 하네요.
아이들 덕분에 제 머릿속에 지식이 차곡차곡 쌓이고 있네요. 호호

비교하면서 키워 봐요.

활동자료 달팽이, 식용 달팽이, 사육상자 2개

활동내용 달팽이는 교실에서 어렵지 않게 기를 수 있는 동물이지요.

달팽이를 기를 때 일반 달팽이와 식용 달팽이를 비교해서 키워 보세요. 아이들의 탐구능력이 높아지는 것을 볼 수 있어요.

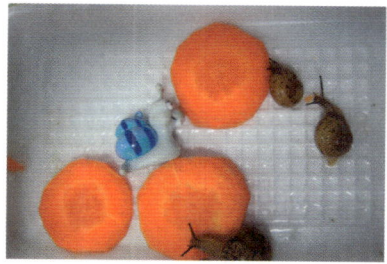

이런 것을 비교해보면서 키울 수 있어요.

- 몸의 크기, 색깔

- 먹이의 양

- 움직이는 속도, 모습

- 알의 크기

- 반응 정도(더듬이를 건드렸을 때, 빛에 대한 반응 등)

교실에서 애완용 거북을 키울 때 바다거북 박제가 있다면 근처에 놓아주세요. 자연스럽게 애완용거북과 바다거북의 공통점과 차이점을 발견할 수 있을 거에요.

장수풍뎅이는 어둠을 좋아해요.

활동자료 사육상자, 검은 천, 테이프, 장수풍뎅이

활동내용 장수풍뎅이는 알에서 성충까지 변화 과정이 확실해서 키우는 재미가 있지요. 장수풍뎅이를 키우면서 낮에는 보기 어렵다는 게 단점이었는데 바로 어두울 때 활동하는 야행성이기 때문이지요. 그래서 사육상자의 반쪽 면을 검은 천으로 씌웠더니 톱밥 속에 있던 장수풍뎅이가 그쪽으로 나와 있는 것을 발견할 수 있었어요. 그래서 보다 자세하게 장수풍뎅이를 관찰할 수 있었답니다.

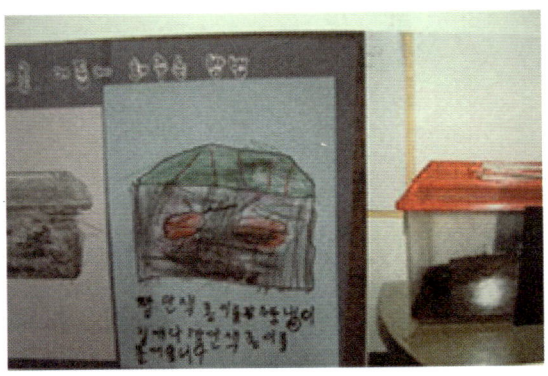

이렇게 동물이나 곤충을 기르면서 해가 되지 않는 범위 내에서 생물이 갖는 특징을 파악하여 간단한 실험을 진행할 수도 있어요.

환경구성이란 유아들의 활동을 자극하고 다양한 경험을 할 수 있는 외적 자극으로 물리적인 공간을 제공하는 것이에요. 정서적이면서도 따뜻함이 배어있는 매력적인 과학 환경구성은 유아들로 하여금 과학 활동을 하고자 하는 욕구와 과학에 대한 기분 좋은 느낌과 감정을 유지시켜줄 수 있어요. 과학적인 내음이 물씬 풍기는 매력적인 환경 구성은 아이들로 하여금 과학에 좀 더 가깝게 다가갈 수 있는 길을 안내할 수 있을 것입니다.

나비 나라, 과학 영역

활동자료 각종 나비 표본, 유아들이 직접 수집한 나비, 나비의 성장과정을 표현할 수 있는 동극 자료, 실물 화상기, 텔레비전

활동내용 많은 아이들이 나비를 좋아하고 나비에 대해 알고 싶어하죠. 그래서 과학 영역을 하나의 테마 파크처럼 '나비 나라'로 정해 환경 구성을 해주었답니다.

나비 표본들과 아이들이 바깥에서 직접 채집한 죽은 나비, 나비 관련 책, 그리고 관찰을 돕는 실물 화상기와 텔레비전을 과학 영역에 배치하였어요. 또 다양한 나비 애벌레 사진과 성장과 정 사진자료를 전시하였어요.

연못이 교실 안으로!

활동자료 벽돌, 두꺼운 비닐, 산소 공급기, 여과기, 금붕어, 조개, 자갈돌

활동내용 실내에 수족관이나 미니 정원은 아이들의 정서나 자연 탐색용으로도 매우 효과적이에요. 벽돌과 비닐, 어항용품만 있으면 어렵지 않게 교실에 연못을 만들 수 있어요. 과학영역에 설치하셔도 좋고 여름엔 교실 한가운데에 설치해서 시원한 기분까지 느낄 수 있어요.

① 우드락으로 연못의 대략적인 모양을 그리고 자른 후, 그 위에 비닐과 벽돌로 연못의 형태를 만들어 간다(원하는 모양은 무엇이든지 가능함).

② 산소 공급기, 여과기 등을 설치하고 조개나 소라, 조약돌을 바닥에 깐다.

③ 물을 붓고 금붕어를 풀어준다.

〈화초를 연못 주변에 놓으면 시원해 보여요〉

연못을 설치하고 나서 아이들이 금붕어 엄마, 아빠가 되어 먹이 주기 당번을 정하거나 금붕어 키울 때 지켜야할 약속을 함께 정한뒤, 연못 주변에 붙여줄 수 있답니다! 또 물이 더러워지는 이유를 추론해보고 물을 깨끗하게 하는 방법을 알아보고 실행해볼 수 있어요. 날이 더워지면서 연못의 물의 양이 줄어드는 것을 우연히 발견하고 물의 증발에 대해서도 알아볼 수 있는 기회가 되었어요. 물론 실처럼 생긴 금붕어 똥이 아이들에게 최고의 흥밋거리였고요! 연못의 모양은 내가 원하는 대로 어떤 형태든지 가능하니까 질릴 때 쯤 되면 바꿔보세요! 확실히 기분 전환이 된다고요! 호호

열심히 관찰해요

활동자료 등나무로 만든 액자틀, 식물 관찰하는 사진, 씨앗관찰 그림

활동내용 씨앗을 화분에 심고난 후 언제쯤 싹이 틀 지 시간 날 때마다 살피는 아이들의 모습이 대견해서 사진을 찍어두었어요. 그리고 이 사진으로 과학 영역의 벽면을 구성해주니 별로 관심이 없었던 아이들마저 식물 싹에 대해 관심을 갖더라고요. 그래서 계획했던 씨앗 외에 딸기씨, 상추씨도 화분에 심고 그 성장과정을 지켜보게 되었어요.

(식물을 관찰하는 우리들의 사진이 걸려 있어서 기분이 좋아요)

식물을 관찰하는 아이들 사진이 벽에 걸리니 과학 영역에 생기가 도네요! 또 아이들이 씨앗 관찰한 그림도 함께 전시를 하니 더욱 꽉 찬 느낌이 들었고요. 이처럼 과학 영역 벽면이 좀 허전하다 싶고 뭔가를 채우고 싶을 때 관련 화보나 그림 자료 외에 탐색, 탐구하는 반 아이들의 사진을 전시하는 것은 아이들로 하여금 과학 활동에 더욱 몰입하게 하고 관심을 갖게 하는 효과도 있답니다.

생활주제별 과학 영역 운영

앞에서 과학영역을 알차고 맛나게 운영하기 위한 7가지 방안들을 살펴보았지요? 많은 도움이 되셨나요? 먼저 선생님이 생활 주제에 따라 어떻게 과학영역을 어떻게 운영했었는지 한번 뒤돌아볼까요? 몇 가지 주제의 빈 칸을 드릴게요! 빈 곳에 지금까지 계획하고 실행했었던 과학 영역 자료나 활동들을 써보실까요?

나와 유치원

도구와 기계

세계 여러나라

우리의 환경

음...앞에서 빈 곳을 많이 채우지 못했다고 혹시 속상하시다면 전혀 그럴 필요가 없어요.
제가 기꺼이 도와드릴 테니까요!

생활 주제별로 과학영역을 운영하는데 필요한 자료와 영역 활 동 등을 간략하게 안내해 드릴게요.
읽다보면 '어? 나도 과학영역을 꽤 잘 운영하고 있었구나!'란 확신도 들 수 있고 '아, 이런 자료로 과
학영역에서 아이들이 이렇게 활동할 수 있구나 !'란 깨달음, 그리고 '이걸 보니 이것도 생각나네!
이건 어떨까?'라는 새로운 아이디어도 생겨날 거에요. 자, 그럼 살펴보자고요!

생활주제	활동명	활동자료	활동개요
유치원과 친구	친구와 나의 그림자	OHP기기	OHP를 이용하여 친구와 나의 그림자를 관찰, 그림자를 크게 하거나 작게 하는 방법에 대해 알아보는 활동
	친구와 속삭여요	실 전화기 (종이컵, 실, 가위, 이쑤시개, 투명테이프)	실 전화기로 친구와 이야기를 나누면서 실의 길이와 팽팽함에 따른 변화를 실험하기
	신기한 거울	거울, 유아 사진	거울을 이용해서 내 얼굴과 친구 얼굴을 탐색한 뒤, 사물의 절반이 그려져 있는 사진을 보고 거울을 이용해 나머지 절반의 모습을 그려보기
	유치원과 어린이집 주변의 들꽃	들꽃, 교사나 유아가 촬영한 들꽃사진	유치원 주변에 들꽃을 탐색하고 관찰하기, 사진도 함께 전시하기
봄	꽃잎 색이 변해요	안개꽃, 식용색소	식용 색소물에 담근 안개꽃잎의 색이 변화하는 과정을 탐색하기

생활주제	활동명	활동자료	활동개요
봄	서로 다른 씨앗	씨앗을 관찰 교구 (다양한 씨앗을 각각 클립통에 담아 관찰함)	서로 다른 씨앗을 관찰하고 어떤 씨앗인지 알아 맞춰보기
	색안경을 쓰면	색안경	봄이 되어 변하는 자연의 색깔에 관심을 가지며 색 안경을 쓰면 어떤 느낌이 되는지 탐색하고 색 안경을 두 개를 겹칠 때는 어떤 혼합색이 되는지 알아보기
	달팽이는 무얼 먹었을까?	달팽이, 색이 다른 먹이 (오이, 당근, 파프리카)	먹는 음식에 따라 변화하는 달팽이의 몸의 색을 관찰하기
나와가족	기저귀 흡수 실험하기	기저귀, 물, 스포이드	기저귀에 스포이드로 물을 떨어뜨렸을 때 물이 흡수되는 과정과 원리를 경험하기
	아름다운 색깔	라이트 박스, 악세서리	라이트 박스에 엄마의 액세서리를 올려놓았을 때의 색감과 비쳐지는 모습 탐색하기
	가족의 신발	등산화, 구두, 축구화, 신발 바닥 탁본	가족의 신발 중 등산화, 구두, 축구화의 바닥 탁본을 관찰하고 마찰과의 관계 알아보기

생활주제	활동명	활동자료	활동개요
나와가족	과자의 칼로리는?	과자 봉지(칼로리 부분에 표시를 해놓는다.)	우리가 주로 먹는 과자 봉지의 칼로리를 살펴보고 가장 칼로리가 높은 과자 알아보기
지역사회	세계의 어린이과학관이 궁금해요	세계의 다양한 어린이 과학관 사진, 어린이 과학관 컴퓨터 웹사이트	세계의 유명한 어린이 과학관 사진이나 웹사이트를 보면서 어떤 구경거리와 놀잇감, 체험관이 있는지 감상하기
	환경을 아끼고 보호해요	자원을 재활용한 물건 (캔, 포대로 만든 가방, 재생 비누, 재생 종이 등)	자원을 재활용해서 만든 사물을 탐색해보기
	이곳이 궁금해요	궁금한 장소, 인터넷	애완동물 병원이나 상점, 목공소 등 기관 사진을 제시하면서 기관에서 하는 역할 조사하기
	시장에서 샀어요	시장에서 산 특이한 물건이나 상품(치자, 지압기, 달걀 타이머등)	시장에서 산 물건들을 탐색하면서 용도와 특징 알아보기
여 름	옥수수 알을 말려요	옥수수, 시간의 변화를 기록한 종이	옥수수 알을 말리면서 어떻게 변화하는지 관찰하기

생활주제	활동명	활동자료	활동개요
여 름	어떤 부채가 시원할까?	코팅지, 신문지, 두꺼운 도화지 등으로 만든 부채	다양한 재질의 종이로 만든 부채 중 어떤 부채가 가장 시원한지 활동해보면서 그 이유를 추론해보기
	물이 사라졌어요.	물, 비커(혹은 투명컵), 부채, 전구 등	물은 어떤 조건에서 더 빨리 증발하게 되는지 실험하며 비교해보기
	내 친구 장수풍뎅이	장수풍뎅이, 돋보기, 먹이, 손전등	장수풍뎅이가 어떤 먹이를 좋아하고 빛을 좋아하는지 싫어하는지 장수풍뎅이에 대한 다양한 실험하기
운송기관	자석 기차가 전진 할까, 후진할까?	자석, 기차, 자석	자석 기차에 극이 다른 자석을 가까이 했을 때 자석 기차가 밀리고 끌려오는 것을 경험하기
	타이어 관찰하기	타이어 조각	타이어 조각을 다양한 방법으로 탐색하기
	멀리멀리 날아라	여러 모양의 종이 비행기	다양한 모습의 종이 비행기를 날려보면서 날아가는 모습이나 착륙하는 모습을 비교하기

생활주제	활동명	활동자료	활동개요
운송기관	빨리 굴러라	실패, 캔, 야쿠르트병, 휴지심 등	우리 주변에 물건들을 굴려보면서 속도와 구르는 모습 비교하기
우리나라와 다른나라	지폐 속 과학 발명품	과학 발명품이 그려진 지폐의 복사본, 관련된 위인전 및 과학 백과사전	세계의 지폐 속에 나타난 다양한 과학 발명품을 찾아보고 책이나 사전을 통해 자세히 알아보기
	숯 관찰하기	숯, 다양한 숯 용품(목탄화, 숯 비누)	숯을 탐색, 관찰하면서 숯의 용도를 알아보고 숯 용품 감상하기
	향신료 냄새 맡기	마늘, 양파, 후추, 카레, 치즈 냄새 등, 기록지	세계 여러 나라의 향신료를 탐색하고 특징에 대해 기록하기
	세계의 희귀 동물	세계의 희귀 동물이나 고유 서식종 사진이나 그림	세계의 희귀동물이나 고유 서식종 사진이나 그림 세계의 희귀동물 사진이나 그림을 보면서 각 동물의 특징, 먹이, 서식지 등에 대해 알아보기
가 을	신기한 키의 원리	키, 다양한 크기의 곡물	키의 원리에 대해 알아보면서 키에 곡물을 넣고 흔들어보며 곡물의 입자를 관찰하기

생활주제	활동명	활동자료	활동개요
가을	단풍잎의 변신	단계적으로 색이 변해가는 단풍잎 필기도구	단계적으로 색이 변한 나뭇잎들을 수집하여 코팅한 후 그 변화과정을 관찰하기
	가을 곤충 소리	가을 곤충 소리, 녹음기, 가을 곤충 책	가을에 들을 수 있는 곤충 소리 들어보고 관련 책을 통해 정보 수집하기
	과일과 곡식의 차이점은?	과일, 곡식, 돋보기, 관찰기록지, 필기도구	과일과 곡식의 차이점에 대해 비교 관찰하기
겨울과 크리스마스	차가운 눈	눈, 현미경, 눈결정체 모양, 검정도화지, 크레파스	눈을 관찰하는 방법에 대해 알아본 뒤, 현미경을 통해 눈 결정체의 특징을 살펴보고, 검정도화지에 눈을 표현하는 활동
	온도가 내려가요	얼음 물, 온도계	얼음물에 온도계를 넣고 온도의 변화를 관찰해보는 활동
	아이디어 겨울용품	주머니 난로, 컴퓨터 usb에 연결하여 보온효과를 주는 손장갑 또는 양말	겨울을 따뜻하게 보낼 수 있는 다양한 아이디어 용품을 직접 탐색해보기

생활주제	활동명	활동자료	활동개요
겨울과 크리스마스	전구에 빛이 들어올까?	꼬마 전구 세트	꼬마 전구에 불이 들어오는 원리를 경험하기
새해와 졸업	형님이 되면	다양한 과학 도구 사진	형님반이 되거나 초등학생이 되면 사용하게 될 다양한 과학 도구 사진이나 실물을 관찰하면서 용도나 사용방법 알아보기
	쑥쑥 성장해요	체중계, 키재기	키와 몸무게를 재어보면서 신체적인 변화 알아보기

자, 과학영역을 알차고 재미있게 활성화시킬 수 있는 다양한 방안을 모두 살펴보았는데 어떠하셨나요? 과학영역 운영에 자신감이 붙으셨는지요? 아이들의 끊임없는 호기심과 탐구 의욕을 북돋아주는 데에는 과학영역만큼 훌륭한 곳도 없는 것 같아요. 선생님의 손길과 관심이 과학영역에 머무는 만큼 우리 아이들은 '적극적으로 생활 속에서 과학을 하는 사람'으로 성장할 수 있을 거예요. 그럼... 선생님의 교실에 과학영역이 가장 인기 있는 영역으로 탈바꿈하기를 바라는 마음을 가득 안고 저는 그만 물러갑니다~~

알차고 맛나게
과학영역 운영하기

초판 1쇄 2011. 11. 15

발행인 김요섭 I **발행처** 다음세대 I **등 록** 2005. 6. 14 제5-443호
편 집 유선경, 김경화

주 소 서울시 동대문구 신설동 89-83 ㉾130-110
전 화 영업부 02)927-2121~5, 출판부 02)928-3390~1 I **팩 스** 02)928-0698
http://www.boyuksa.co.kr

ⓒ 도서출판 다음세대
ISBN 978-89-5723-268-2-93400

값 12,000원